高原灵禽

西藏鸟类手绘观察笔记

强巴卓嘎 主编　　陈丹丹 绘

南京大学出版社

图书在版编目（CIP）数据

高原灵禽：西藏鸟类手绘观察笔记/强巴卓嘎主编；
陈丹丹绘. -- 南京：南京大学出版社, 2025. 5.
ISBN 978-7-305-29233-0

Ⅰ. Q959.708-49

中国国家版本馆CIP数据核字第2025MP4555号

出版发行　南京大学出版社
社　　址　南京市汉口路22号　　邮　编　210093

书　　名　高原灵禽——西藏鸟类手绘观察笔记
　　　　　GAOYUAN LINGQIN——XIZANG NIAOLEI SHOUHUI GUANCHA BIJI
主　　编　强巴卓嘎
绘　　者　陈丹丹
责任编辑　范阳阳　　　　　编辑热线　025-83595840

照　　排　南京新华丰制版有限公司
印　　刷　苏州工业园区美柯乐制版印务有限责任公司
开　　本　787 mm×1092 mm　1/16　　印张　4.5　　字数　77千
版　　次　2025年5月第1版　2025年5月第1次印刷
ISBN 978-7-305-29233-0
定　　价　58.00元

网　　址　http://www.njupco.com
官方微博　http://weibo.com/njupco
官方微信　njupress
销售热线　025-83594756

关键词解释

1. 红色名录：即《世界自然保护联盟濒危物种红色名录》，是世界自然保护联盟（IUCN）编制及维护的一项全球动植物物种保护现状的全面名录，也被称为 IUCN 红色名录。该名录自 1963 年开始编制，是全球生物多样性状况最具权威的指标之一。

2. 无危（least concern, LC）：物种被评估未达到极危、濒危、易危或者近危标准，即列为无危。广泛分布和种类丰富的物种都属于该等级。

3. 濒危野生动植物种国际贸易公约（Convention on International Trade in Endangered Species of Wild Fauna and Flora, CITES）：1973 年在美国华盛顿签署的一项国际公约，目的是确保野生动植物物种不会因为国际贸易而面临灭绝的风险。

4. 国家"三有"保护动物：指国家林业和草原局发布的《有重要生态、科学、社会价值的陆生野生动物名录》（2023 版）中的动物。

5. 鸟类迁徙：指鸟类定期长距离的季节性迁徙，通常是为了寻找更好的觅食地和繁殖条件。有跨洲的长途迁徙，也有国内不同地区之间的短途迁徙。

6. 繁殖地：动物用于繁殖的区域，面积大小因物种和食源的丰富程度而异。

7. 栖息地：指动物生活、繁殖和觅食的特定环境。不同种类的鸟类选择不同的栖息地，包括森林、湿地、海洋、草原等。

8. 越冬地：动物在冬季的栖息地，供种群在此觅食生活，但不进行繁育。

9. 筑巢:大多数鸟类在繁殖季节,选用植物纤维、树枝、树叶、杂草、泥土、兽毛或鸟羽等物,筑成可使鸟卵孵化和有利于亲鸟喂雏的巢窝,这一行为称为筑巢。

10. 初级飞羽:附着于鸟翼末端节的飞羽,生长在相当于人的手掌位置的鸟的前肢处,用于控制飞行方向。

11. 次级飞羽:生长在相当于人的小臂处的飞羽。

12. 盔突:犀鸟头顶盔帽般突起的实心结构,是犀鸟进食的重要工具,也可以用来自我保护。

13. 额甲:一块硬质的角质层,从上喙根部一直延伸到额头。

14. 瓣蹼(pǔ):鸟类足型的一种,其每一趾的两侧有叶状膜。

15. 虫蠹(dù)状斑:"虫蠹"指蛀虫,"虫蠹状斑"指类似蛀虫形状的斑点。

16. 距:雄鸡爪子后面突出像脚趾的部分。

17. 喙(huì):鸟兽的嘴。

18. 虹膜:鸟瞳孔周围的区域。鸟的虹膜颜色不一,是识别特征之一。

19. 趾:脚指头。

20. 跗跖(fū zhí):指鸟类的腿以下到趾之间的部分,通常没有羽毛,表皮角质鳞状。跗:脚背,足上跗骨。跖:指脚面上接近脚趾的部分,脚掌。

21. 育雏(chú):动物学名词,指鸟类喂养幼鸟的生物现象。

22. 留鸟:终年生活在一个地区,不随季节迁徙的鸟类。

23. 候鸟:随季节不同周期性进行迁徙的鸟类。候鸟可分为夏候鸟和冬候鸟两种。

24. 旅鸟:迁徙中途经某一地区,但又不在该地区繁殖或越冬,对该地区而言,这些鸟种为旅鸟。

目 录

游禽

　　游禽主要生活在各类水域，喜群居，脚趾中间有"蹼"，即"红掌拨清波"中的"掌"，善于游水、潜水。其中，鸥类是介于游禽和涉禽之间的湿地水鸟，可称为善涉行游禽。多数游禽是迁徙鸟，如雁形目（Anseriformes）鸟类常常做南北向跨越大陆的迁徙，即在北半球繁殖，秋季南迁越冬，到次年春季再返回繁殖地。

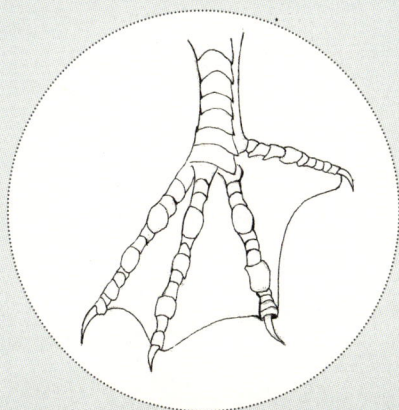

斑头雁

雁形目　Anseriformes　　鸭科　Anatidae

拉丁学名：*Anser indicus*　　英文名：Bar-headed Goose

藏文名：ད་ལོང་མགོ་ཁྲ།

保护现状：IUCN-LC（无危）

国家"三有"保护动物

地理分布： 在世界范围内分布于蒙古、尼泊尔、孟加拉国、缅甸、印度、巴基斯坦等地；在我国主要分布于青海、西藏、甘肃、新疆等地，其中在西藏主要分布于各地市的河流、湿地、湖泊等处，雅鲁藏布江中游地区是它们最重要的越冬地。

形态特征： 中型雁类，体长约 75 厘米的水鸟。羽色灰白，雌雄同色，雄鸟体形略大。头颈部有醒目的黑白相间纹，是其有别于其他雁鸭水鸟的特征。喙和腿呈橘黄色。

生活习性： 主要生活在湖泊、湿地、河流、开阔沼泽、高原农田等环境。食用植物的叶、茎、种子等，也捕食软体动物等。迁徙鸟，善飞行，有其飞跃珠穆朗玛峰的报道记录，享有"高空旅行家"的美誉。喜欢集群，夏季主要在亚洲中部的高海拔地区繁殖，秋冬往南至青藏高原南部、南亚等地越冬。

趣　　闻： 我们所熟知的"问世间，情是何物，直教生死相许？"，便出自古人的《摸鱼儿·雁丘词》，饱含对大雁忠贞的赞颂。

赤麻鸭

雁形目 Anseriformes 鸭科 Anatidae

拉丁名：*Tadorna ferruginea* 英文名：Ruddy Shelduck

藏文名：ཉ་ཀ་སེར་པོ། ངང་སེར་དུར་པ།

保护现状：IUCN-LC（无危）

国家"三有"保护动物

地理分布： 在世界范围内分布于亚洲中部、东南欧、非洲西北部等地；在我国主要分布于云南、东北、新疆、西藏和四川等地，其中在西藏区内各水域均可见，西藏南部河谷地区是其重要的越冬区域。

形态特征： 中大型鸭类，体长在61~71厘米。外形似雁，头部白黄，身体羽色栗黄，颜色亮眼易识别。嘴灰黑，眼黑色。飞行时，白色的翅膀、绿色的翼镜明显。雄鸟略大于雌鸟，整体同色，区别在于雄鸟颈部有黑领或黑环。

生活习性： 主要生活在盐碱水域、湿地、农田等环境，于近溪流、湖泊的地面洞穴、崖壁等处筑巢，地点多样。主要食草、嫩叶、谷物，以及昆虫、软体动物等，鸣叫频繁，不分昼夜。耐寒，春夏季主要在我国东北、西北地区繁殖，秋冬往南至中部、南部、印度次大陆等地越冬，越冬期会集大群。

趣　闻： 民间又名黄鸭、黄凫等。在赤麻鸭较为常见的藏区，它是民间歌谣中的"常客"。例如：

ཡར་འབྲོག་གཡུ་མཚོ་ཁ་ན།། 羊卓雍措湖畔，

ངང་བ་སེར་མོ་ཕྲུག་སྐྱོང་། 黄鸭养育幼鸟，

ངང་ཕྲུག་ཨ་མ་མ་འབོད།། 幼鸟勿唤母亲，

ང་རང་ཨ་མ་དྲན་སོང་།། 吾念慈祥阿妈。

渔鸥

鸻形目　Charadriiformes　　鸥科　Laridae

拉丁学名：*Ichthyaetus ichthyaetus*　　英文名：Pallas's Gull

藏文名：ཉ་སྐྱག

保护现状：IUCN-LC（无危）

国家"三有"保护动物

地理分布： 在世界范围内分布于克里米亚至哈萨克斯坦，蒙古西部、黑海、里海、咸海沿岸、红海、波斯湾、阿拉伯海和孟加拉湾（北印度洋）至孟加拉国和马塔班湾（缅甸南部）、印度等地；在我国主要分布于甘肃、青海、内蒙古和西藏等地，其中在西藏主要分布于藏北、藏南、藏西等地的宽阔河面、湖泊鸟岛。

形态特征： 一种体壮、背部灰色的大型鸥，体长 60~72 厘米。嘴厚重有力，嘴尖有红黑色。繁殖期头部呈黑色，眼周有醒目眼白，形成显星月状。腰身白色。飞行时，翼下白色，翼尖有小块黑色。冬羽头部白色，并有深色条纹，眼周有暗斑，嘴尖红色消失。

生活习性： 主要栖息于海岸、大型河流、湖泊等地，以鱼为食，也吃鸟卵、雏鸟、两栖类、昆虫、甲壳类等。鸣叫声似鸦。迁徙鸟类。研究发现，渔鸥秋季迁徙平均耗时 98.8 天，平均迁徙距离为 2990千米；春季迁徙平均耗时 38 天，平均迁徙距离为 2556 千米。在青海湖，一般会在 8 月离开，停歇 1~4 个地点后，于当年 11月到达孟加拉湾越冬地。春季则在 3 月离开越冬地，停歇 1~2个地点后，于 4 月末返回青海湖繁殖地。

趣　　闻： 在一些唐宋诗文中，鸥也被诗人赋予壮志、归隐、飘零等寓意，诗文中的鸥常指内陆湿地滩涂的鸥，包括渔鸥等。

棕头鸥

鸻形目　Charadriiformes　　鸥科　Laridae

拉丁学名：*Chroicocephalus brunnicephalus*　　英文名：Brown-headed Gull

藏文名：ཆུ་སྐྱར་མགོ་སྨུག །

保护现状：IUCN-LC（无危）

国家"三有"保护动物

地理分布： 在世界范围内分布于塔吉克斯坦、印度北部、孟加拉湾、东南亚等地；在我国主要分布于青海、西藏、新疆等地，其中在西藏主要分布于区内较大湖泊水域处，而在西藏东部地区较少见。

形态特征： 一种体形中等的白鸥，体长41~45厘米。头顶平坦，繁殖期头部呈暗棕色，背部灰色，初级飞羽基部有大块白斑，黑色翼尖带有白色斑点是其识别特征。越冬鸟眼后有深色斑点。棕头鸥与红嘴鸥极相似，前者体形更大、嘴更厚，虹膜颜色更浅。

生活习性： 主要栖息在高原湖泊、湿地、沼泽等地。捕食能力不如渔鸥等，常尾随其他鸟类觅食。主食鱼类等水生动物。善于集群迁徙、营巢、捕食、防御等，尤其在产卵孵化、育雏期间，一旦感应到巢区受到干扰，鸥群便会群体出击，做出低空盘旋、俯冲、嘶叫或排粪等行为，直到威胁者远离巢穴。

趣　　闻： 在拉萨，前来越冬的棕头鸥不太畏人，各水域较为常见。拉鲁湿地及宗角禄康公园的水面上会集大群等待游人投喂，是本地人喜爱亲近的鸟类之一。

攀禽

　　攀禽，顾名思义，就是指适于攀缘的鸟类。脚趾的排列为非典型性，常两前两后或者四个脚趾向前，或者虽然为常态足，但是趾基部存在并联结构。

　　主要生活在有树木的平原、山地、悬崖等地，根据栖息地决定其食性。主要以昆虫，植物的果实、种子以及鱼类为食。

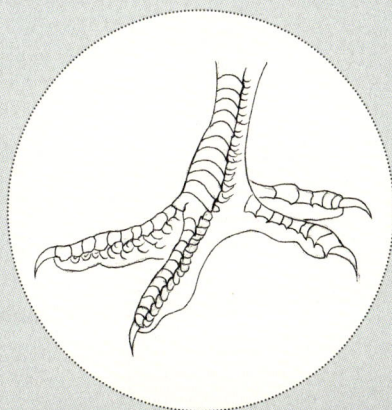

双角犀鸟

犀鸟目　Bucerotiformes　　犀鸟科　Bucerotidae

拉丁学名：*Buceros bicornis*　　英文名：Great Hornbill

藏文名：བ ས་བྱ་ར་གཉིས།

保护现状：IUCN-NT（近危）

　　　　　国家一级保护动物

　　　　　CITES Ⅰ

地理分布： 在世界范围内分布于东亚、东南亚、南亚；在我国主要分布于云南最南部的西双版纳，在云南西部的德宏州盈江县和西藏东南部的林芝市墨脱县也有分布。

形态特征： 大型攀禽，是亚洲最重的犀鸟。脸和胸呈黑色，颈部呈黄白色，羽翼呈黑色，下腹部和尾下覆羽呈白色，上喙和头顶盔突呈橙黄色。其最显著的特征为头顶的盔突部分，盔突整体似"U"形，中间下凹，前缘有两个角状突起，在野外极易辨认。雌雄两性最大不同在于，雄鸟虹膜呈红色，雌鸟近白；此外，部分雌鸟的喙和盔突比雄鸟小。

生活习性： 常成对活动，主要栖息于热带雨林和原始森林。多在树上觅食，有时在地上，繁殖期有定居习惯，其余时间会广泛寻找食物。繁殖期为每年1月至4月，其间雄鸟负责喂养雌鸟和雏鸟。主要以各种果实为食，特别是无花果占主要地位，同时也吃大的昆虫、爬行类、鼠类等动物性食物。

趣　　闻： 是真正的"爱情鸟"，典型的"一夫一妻制"，雌雄鸟会共同生活。繁殖期，一旦雌鸟受孕成功，雌雄鸟会分工明确，雌鸟筑巢，免受天敌威胁，雄鸟负责捕食重任，整个繁殖期雌鸟和雏鸟靠雄鸟喂养，直至孵化结束，雌鸟才会出洞觅食。此外，该鸟也是印度喀拉拉邦的官方州鸟。

大紫胸鹦鹉

鹦形目　Psittaciformes　　鹦鹉科　Psittaculidae

拉丁学名：*Psittacula derbiana*　　英文名：Lord Derby's Parakeet

藏文名：ནེ་ཙོ་ཉ་བྲུག་མ།

保护现状：IUCN-NT（近危）

　　　　　国家二级保护动物

　　　　　CITES Ⅱ

地理分布： 在世界范围内主要分布于东亚、东南亚、南亚；在我国主要分布于云南西北部、四川西南部，在西藏东南部也有分布。

形态特征： 大型鹦鹉类。整体色彩十分鲜艳，头部、胸部、颈部呈蓝灰色，枕、背、两翼、尾呈绿色，额部呈黑色；雌雄两性最大不同在于喙部，雄鸟为上喙红色、下喙黑色，雌鸟为黑色。

生活习性： 常成群活动，栖息于松树林、混合林等高大树枝上和沟谷旁；繁殖期为6月；寿命较长，平均可达50年；有迁徙的习惯，一般由食物充分与否决定；主要食物是浆果、松子、谷物和昆虫。

趣　　闻： 唐代诗人白居易的《鹦鹉》一诗中，"陇西鹦鹉到江东，养得经年嘴渐红"说的就是大紫胸鹦鹉。

涉禽

涉禽最主要的特征就是"三长"——喙长、颈长、腿长。它们常在浅水区域活动。由于喙、颈修长且十分灵活，它们善于将喙探入水底或水面进行捕食；长腿极利于涉水，不同种类涉禽的涉水深浅程度由其腿长决定。它们善于飞行，休息时常一只脚站立。

主要生活在沼泽、湿地、溪流和海岸等浅水区域或者岸边，各种类也有不同的捕食策略，食物一般以水中小鱼、小虾等为主。

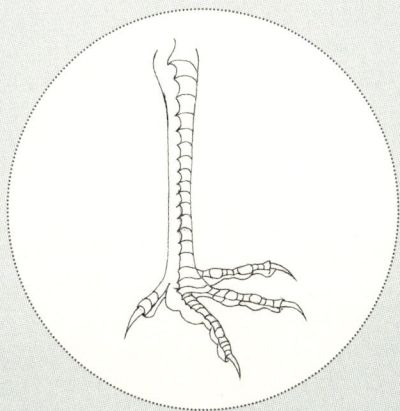

黑鹳

鹳形目　Ciconiiformes　　鹳科　Ciconiidae

拉丁学名：*Ciconia nigra*　　英文名：Black Stork

藏文名： བོད་ཅག་ གུང་ཅག

保护现状：IUCN-LC（无危）

国家一级保护动物

地理分布： 黑鹳是一种分布很广的鸟类。在世界范围内，留鸟主要分布于欧洲，旅鸟主要分布于塞浦路斯、丹麦和直布罗陀；在我国主要分布于东北、西北、华北等大部分地区，冬季在长江以南越冬，其中在西藏昌都市芒康县、山南市和日喀则市也有发现过。

形态特征： 大型涉禽。黑鹳整体呈黑色，并具绿色和紫色光泽，胸部和腹部呈白色，眼睛、喙部以及双脚呈红色。黑鹳两性相似。

生活习性： 常单独活动，冬季有时结小群活动，栖息于沼泽、湖泊、池塘、溪流等地。性孤独且惧人，不善鸣叫，但在繁殖期间会发出悦耳的叫声。繁殖期为4—7月，常在高山或悬崖筑巢，以免受人类干扰。主要食物是鱼、蛙、甲壳类。

趣　　闻： 十分罕见且数量仍在逐年下降，被誉为"鸟类中的大熊猫"。也因外表出众、体态优美、孤芳自赏等特点，被称作"鸟中君子"。此外，大家熟知的诗篇《登鹳雀楼》中的"鹳雀楼"之名就来自鹳形目鸟类，黑鹳属于鹳形目中的一种。古人将"鹳"称为"鹳雀"。

骨顶鸡

鹤形目　Gruiformes　　秧鸡科　Rallidae

拉丁学名：*Fulica atra*　　英文名：Eurasian Coot

藏文名：ཤེ་མ་གདོང་ཆེ། གཅན་དཀར།

保护现状：IUCN-LC（无危）

国家二级保护动物

国家"三有"保护动物

地理分布： 在世界范围内分布于亚洲、非洲、美洲的大部分地区；在我国几乎遍布全国各地，是中国较为常见的水鸟，其中在西藏南部也有分布。

形态特征： 中型涉禽。颈部和背部呈黑色，略闪辉光，胸部和腹部呈淡灰色，喙部及额甲呈白色，虹膜呈红色，双脚为灰绿色，双脚呈瓣蹼状。雌雄无明显差异。

生活习性： 常成群活动，栖息于湖泊、池塘、河流等地。繁殖期世界各地略有不同，但一般除冬天外均可繁殖。主要食物是植物，包括水生植物和陆生植物。此外，也吃小鱼、虾、昆虫等。

趣　闻： 骨顶鸡拥有一双神奇的脚，特别大且有瓣蹼，所以既擅长划水又擅长潜水。另外，它们的脚掌张开时面积很大，还特别擅长"打架"，尤其是繁殖期，会出现暴脾气的它们平躺在水面，用双脚互相猛踹的激烈场面。

白琵鹭

鹈形目 Pelecaniformes 鹮科 Threskiornithidae

拉丁学名：*Platalea leucorodia* 英文名：Eurasian Spoonbill

藏文名：ཤྱེལ་དཀར་ པི་ཟྱང་དཀར་པོ།

保护现状：IUCN-LC（无危）

国家二级保护动物

CITES Ⅱ

地理分布： 在世界范围内分布于欧洲南部至亚洲中部，以及非洲局部地区（如毛里塔尼亚沿海），在红海和亚丁湾沿岸较为常见；在我国主要分布于东北、华北、西北一带，冬季在长江下游和华南一带越冬，其中在西藏主要分布于藏南地区。

形态特征： 大型涉禽。黑色长喙前端黄色，呈扁平的铲状或匙状，类似琵琶。通体白色。眼先、眼周、额、上喉裸出部分黄色。冠羽、胸黄色（冬纯白）。第一年幼鸟喙色较淡，翼尖上有黑色细条纹。雄鸟略大，喙与腿较长。

生活习性： 常成群活动，偶尔见单只。栖息于广阔的浅水湿地，如沼泽、河流、湖泊，尤其喜欢有密集水生植物覆盖的区域。迁徙模式多样，北部种群迁往非洲北部或亚洲温暖地区过冬。日间活动觅食，夜间会在沿海地区继续觅食，活动区域受潮汐影响。主要以水生昆虫、小鱼等为食，通过侧向扫动喙部过滤食物。

趣　　闻： 白琵鹭是世界上嘴最长的鹭，因嘴巴酷似乐器琵琶而得名。

蓑羽鹤

鹤形目　Gruiformes　　鹤科　Gruidae

拉丁学名：*Grus virgo*　　英文名：Demoiselle Crane

藏文名：ཁྱུང་ཁྱུང་མེག་དམར།

保护现状：IUCN-LC（无危）

国家二级保护动物

地理分布： 在世界范围内分布于中欧至西伯利亚、黑海至蒙古及中国北部，越冬于非洲中部、印度次大陆；在我国主要分布于新疆、宁夏、内蒙古、黑龙江、吉林等地，迁徙途经河北、青海、河南、山西等地，迁徙季在西藏南部可见。

形态特征： 小型鹤类。以其优雅纤细的身姿著称。为全球 15 种鹤中体形最娇小者。头部与颈部黑色，两颊延伸出独特的白色长羽，如同披肩，故得名"蓑羽鹤"。从眼至颈两侧有一窄白条纹。雄鸟略大于雌鸟。

生活习性： 除了繁殖期成对活动外，多呈家族或小群活动，有时也见单只活动。栖息于开阔的草原、沙漠边缘、湿地与农田，偏好水源附近的环境。春季迁徙，形成大群，迁徙时飞行姿态直颈。主要以植物嫩叶、杂草种子、昆虫、蛙及蜥蜴为食。

趣　　闻： 在印度文化中，蓑羽鹤象征着美丽与优雅，也可用来比喻远离家乡或经历艰难旅程的人。

黑颈鹤

鹤形目　Gruiformes　　鹤科　Gruidae

拉丁学名：*Grus nigricollis*　　英文名：Black-necked Crane

藏文名：ཁྱུང་ཁྱུང་སྙེ་ནག

保护现状：IUCN-NT（近危）

　　　　　国家一级保护动物

　　　　　CITES Ⅰ

地理分布： 在世界范围内分布于欧亚地区（包括中国中西部）；在我国主要分布于青藏高原东南部、云贵高原及中印、中巴边境，其中在西藏主要分布于当雄县、嘉黎县、安多县、班戈县、申扎县、日土县、昂仁县、萨迦县、仲巴县等地。

形态特征： 大型鹤类。全身羽毛呈灰白色，头部、上颈部黑色，腿部黑色，眼后方有白色斑块，头顶裸露部分呈红色。尾部羽毛黑色，与灰鹤等其他鹤类有显著区别。幼鸟羽毛呈灰黄色，颈部长有黑白相间的羽毛。

生活习性： 除了繁殖期成对活动外，多呈家族或小群活动，有时也见单只活动。冬季在越冬地，常集成数十只的大群。栖息于海拔2500~5000米的高原湿地，如沼泽、湖泊边缘和河流湿地。迁徙至较低海拔的农业山谷过冬，主要在清晨和傍晚觅食，食物包括植物根茎、昆虫、小型脊椎动物和农田残余作物。

趣　　闻： 藏族对黑颈鹤十分喜爱，称之为"仙鹤""神鸟""吉祥鸟"。藏族长篇史诗《格萨尔王传》就有"长颈神鸟白仙鹤，长翅一展腾向空，秀腿点地立人间，长喙啄食神韵美"的描写，流传甚广。王妃珠茉视仙鹤为自己的寄魂鸟，让仙鹤与自己相伴随、共患难。

黑翅长脚鹬

鸻形目　Charadriiformes　　反嘴鹬科　Recurvirostridae

拉丁学名：*Himantopus himantopus*　　英文名：Black-winged Stilt

藏文名：མཆིང་རིལ་ཀང་རིང་།

保护现状：IUCN-LC(无危)

国家"三有"保护动物

地理分布：在世界范围内分布于西伯利亚东部、中国、朝鲜和日本；在我
国主要分布于新疆、青海、内蒙古、辽宁、吉林和黑龙江等地，
部分留在广东、香港和台湾越冬，其中在西藏主要分布于藏南。

形态特征：中型涉禽。额白色，头部眼以上为黑色，并伸延至后颈，背、
肩及翼均为黑色，具绿色金属光泽，颊、前颈及下体均为白色，
尾羽白色或略沾淡灰褐色；雌鸟头部、后颈斑较小，为黑褐色；
冬羽黑色或褐色部分较淡。

生活习性：常单独、成对或成小群在浅水中或沼泽地上活动，非繁殖期也
常集成较大的群。栖息于开阔平原草地中的湖泊、浅水塘和沼
泽地带。非繁殖期也出现于河流浅滩、水稻田、鱼塘和海岸附
近之淡水或盐水水塘和沼泽地带。主要以软体动物、虾等甲壳类、
环节动物、昆虫，以及小鱼和蝌蚪等动物性食物为食。

趣　　闻：俗称"水边的高脚鸟"，是众多候鸟中的"美少女"，一种修
长的黑白色涉禽，被称为鸟界的"名模"和水中的"芭蕾舞者"，
别称"红腿娘子""高跷鸻"。

大白鹭

鹈形目　Pelecaniformes　　鹭科　Ardeidae

拉丁学名：*Ardea alba*　　英文名：Great Egret

藏文名：རྒྱ་སྐྱེར་དཀར་མོ།

保护现状：IUCN-NT（近危）

国家"三有"保护动物

地理分布： 在世界范围内分布于全球温带地区，如北美地区、欧亚大陆等；全球共有 4 个亚种，在我国有其中 2 个亚种，在我国主要分布于东北部、新疆西部和中部，迁徙和越冬期见于甘肃西部、陕西、青海、西藏，其中在西藏主要分布于藏南地区，在拉萨拉鲁湿地有越冬记录，近几年在拉萨河沿岸湿地也偶见。

形态特征： 大型涉禽。体羽全白，喙长且尖直，翅大且长，脚、趾均细长，雌雄鸟无明显区别，雌鸟体形比雄鸟小。

生活习性： 单独活动或成对、成小群活动，栖息于湖泊、沼泽、稻田等水域附近，大部分为夏候鸟，少部分为旅鸟和冬候鸟，繁殖期在4—7 月，巢穴一般建在树上或者芦苇丛中，每年繁殖 1 窝，每窝产卵 3~6 枚，由雌鸟负责孵化，雌雄鸟共同完成哺育幼鸟的工作，主要食物是鱼、蛙、虾和水生昆虫等。

趣　　闻： 白鹭的羽毛有较高的观赏价值，我国古代人喜欢用它们来装饰服饰，而西方人则喜欢用它们来点缀女帽。大白鹭的羽毛有很高的经济价值，加上白鹭喜欢群居，因此很容易被人大量捕捉，造成野生大白鹭数量锐减。

陆禽

　　陆禽是指主要在陆地上栖息的鸟类，在鸟纲中主要为鸡形目和鸠鸽目。一般体格健壮，翅短，不适于远距离飞行，喙短钝而坚硬，腿和脚强壮而有力，爪为钩状，很适于在陆地上奔走及挖土寻食。

　　主要生活在草原、森林、山地、冻原等生境中，也见于耕地、灌丛、居民区周围。

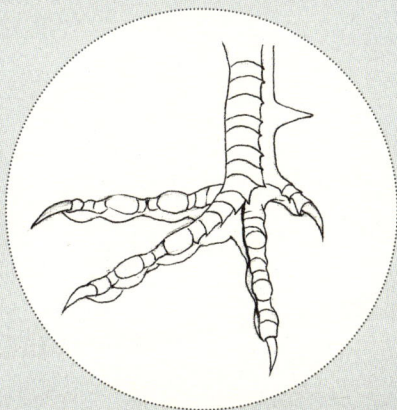

红腹锦鸡

鸡形目　Galliformes　　雉科　Phasianidae

拉丁学名：*Chrysolophus pictus*　　英文名：Golden Pheasant

藏文名：ཀྱ་ཤང་དམར། ཏོ་བོ་དམར་མེར།

保护现状：IUCN-LC（无危）

　　　　　国家二级保护动物

地理分布：在世界范围内仅分布于中国，属中国特产种；在我国主要分布于青海东南部、甘肃、陕西秦岭山脉、四川、湖北西部、贵州、湖南西部、广西东部及西藏，其中在西藏主要分布于藏东地区。

形态特征：中型陆禽。尾特长。雄鸟羽色华丽，头具金黄色丝状羽冠，上体除上背浓绿色外，其余为金黄色，下体深红色，尾羽黑褐色，满缀以桂黄色斑点；雌鸟头顶和后颈黑褐色，其余体羽棕黄色，脚黄色。

生活习性：常成群活动，栖息于海拔500~2500米的阔叶林、针阔叶混交林、岩石陡坡的矮树丛和竹丛地带，冬季也常到林缘草坡、耕地活动。求偶炫耀十分好看，当雄鸟向雌鸟求爱时，它先向雌鸟走过去，一边低鸣一边绕雌鸟转圈，待站立在雌鸟正前方时，华丽的羽毛向外蓬松，很像抖开的折扇。主要食物是野豌豆、野樱桃等植物。

趣　　闻：红腹锦鸡在陕西宝鸡附近的秦岭山脉分布较多，相传，此地地名"宝鸡"的由来便与这里盛产红腹锦鸡有关。

红胸角雉

鸡形目　Galliformes　　雉科　Phasianidae

拉丁学名：*Tragopan satyra*　　英文名：Satyr Tragopan

藏 文 名：གནར་བྱ་གསུས་དམར། བྱ་སྲབ་གསུས་དམར།

保护现状：IUCN-NT（近危）

国家一级保护动物

CITES Ⅲ

地理分布： 在世界范围内分布于印度北部、尼泊尔、不丹和中国；在我国主要分布于喜马拉雅山脉中部地区，其中在西藏主要分布于亚东县、错那市等地。

形态特征： 中型陆禽。雄鸟头、喉黑色，体羽有白色、珍珠色圆点，两翼及尾具蓝色带黄的横斑，肉质角蓝色；雌鸟毛色以黑色及红褐色为主，其中上体棕褐色，具黑色虫蠹状斑，下体部分羽毛具淡黄色羽干纹，尾杂以不规则的黑色和淡黄色横斑。

生活习性： 常成群活动，栖息于海拔 2400~4300 米的山地森林中，冬天则下到海拔 1800 米的林区，喜欢隐匿，多在清晨和黄昏隐藏在人迹罕至的深山密林中觅食，用锋利的爪在地上挖掘和刨食，主要食物是植物的根、嫩芽、叶、种子、球茎以及昆虫和小型爬行动物。

趣　　闻： 角雉名字的由来，与其头顶特别的"角"分不开。所有雄性角雉头顶冠羽下隐藏着一对肉角。平时收缩被冠羽盖着，不易看到。一到发情期，肉角会充血膨胀，直立于头顶，因此得名角雉。

藏马鸡

鸡形目　Galliformes　　雉科　Phasianidae

拉丁学名：*Crossoptilon harmani*　　英文名：Xizang Eared Pheasant

藏文名：ཇ་ཤྭ།

保护现状：IUCN-NT（近危）

　　　　　国家二级保护动物

地理分布： 在世界范围内仅分布于中国，属中国特产种；在我国主要分布于西藏，其中在西藏主要分布于拉萨市林周县、达孜区、曲水县、墨竹工卡县、堆龙德庆区，山南市加查县、错那市，林芝市墨脱县、朗县、米林市、工布江达县等地。

形态特征： 中型陆禽。雄鸟头顶被以如绒的黑色软而卷曲的短羽，头侧裸出，满布绯红色疣状突，格外醒目，跗跖上有一个短钝的距，有时雌鸟也有距，雌鸟和雄鸟羽色相似。

生活习性： 常成群活动，栖息于丘陵和高山地区，留鸟，有时集群多达50~60只，群中常有一只健壮的雄鸡充当头鸟，当发现异常时，发出鸡鸣，奔向高处，群鸡随后；白天活动，中午多在树荫处休息，夜晚则于树上栖息，主要食物是植物，如草根、草叶、青稞种子，也兼吃蜘蛛、蜈蚣及昆虫（如鳞翅目幼虫）。

趣　　闻： 我们可能会猜测藏马鸡跟马有某种关系。的确，马鸡名字中的"马"字源于它们独特的尾巴形状，中央尾羽的羽枝大都垂散下来，形似马尾，因此被人们叫作马鸡。

白马鸡

鸡形目　Galliformes　　雉科　Phasianidae

拉丁学名：*Crossoptilon crossoptilon*　　英文名：White Eared-pheasant

藏文名：ྻ་ངང་དཀར་པོ།

保护现状：IUCN-NT（近危）

国家二级保护动物

CITES Ⅰ

地理分布： 在世界范围内仅分布于中国，属中国特产种；在我国主要分布于四川、西藏东部、甘肃东南部、青海南部和云南西北部一带，其中在西藏主要分布于嘉黎县、比如县、索县、类乌齐县、丁青县等地。

形态特征： 中型陆禽。上下体羽纯白色，羽端分散呈发丝状，雄鸟头顶密布黑色绒羽状短羽，具距，雌鸟和雄鸟相似，但雌鸟体形稍小，羽色较暗淡。

生活习性： 常成群活动，栖息于海拔 3000~4000 米的高山和亚高山针叶林与针阔叶混交林带，习性多似藏马鸡，常在早晨和傍晚鸣叫，鸣声洪亮而短促，好像"咯……咯……咯……"的声音，很远都能听到；幼鸟主要以昆虫为主食，随体增长，食物中昆虫所占比例逐渐减少。

趣　　闻： 在西藏，白马鸡的栖息地植被保护得很好，除天敌外很少受到其他人为干扰。在白马鸡的栖息地，人们有投食喂养它们的习惯，因此，在食物匮乏的冬季，白马鸡会经常到村庄里觅食。

猛禽

　　猛禽是指凶猛的掠食性鸟类，是脊索动物门鸟纲隼形目和鸮形目中所有鸟类的总称。其体形较大，有锐利的脚爪和喙，有敏锐的视觉和较大的翅膀。所有猛禽的喙均强健有力，边缘锐利，许多物种还具有齿突，以便控制猎物。

　　主要生活在高山草原和针叶林地区，平原少见。

高山兀鹫

鹰形目　Accipitriformes　　　鹰科　Accipitridae

拉丁学名：*Gyps himalayensis*　　英文名：Himalayan Vulture

藏文名：ཇང་དཀར་ཤེད་སྒྲོ།

保护现状：IUCN-NT（近危）

国家二级保护动物

地理分布： 在世界范围内分布于中亚地区；在我国主要分布于甘肃西部、青海、新疆、西藏以及青藏高原边缘的四川西部、云南西北部等地区，其中在西藏主要分布于东南部。

形态特征： 大型猛禽。雌雄相似，头和颈裸露，羽色呈棕色，幼鸟羽色较深。

生活习性： 常单独活动，繁殖期在 2—5 月，栖息于海拔 2500~4500 米的高原和河谷地区，视觉敏锐、飞翔持久，主要食物为大型动物尸体，特别喜欢吃新鲜尸体和骨头，也吃陈腐的尸体。

趣　　闻： 高山兀鹫主要以腐肉为食，间接减少了动物疾病的传播风险，起到清洁自然环境的作用，因此它也有高原"清道夫"之称。它能飞越珠穆朗玛峰，是世界上飞得最高的鸟类之一。

红隼

隼形目　Falconiformes　　隼科　Falconidae

拉丁学名：*Falco tinnunculus*　　英文名：Common Kestrel

藏文名：ཁྱུང་དམར།

保护现状：IUCN-LC（无危）

国家二级保护动物

地理分布： 在世界范围内分布于欧亚大陆、北非、大西洋岛屿、日本和印度北部；在我国主要分布于云南、青藏高原、新疆、陕甘山区，其中在西藏主要分布于拉萨市周边。

形态特征： 小型猛禽。雄鸟头、尾呈灰色，背、翅羽色为砖红色、尾羽末端具黑色条带；雌鸟上体棕红色，头尾部有条纹，缺乏雄鸟的灰色区域；幼鸟与雌鸟相似，但胸腹部的条纹更宽，裸露部位颜色较淡。不同亚种各有差异，非洲亚种通常颜色更深，更偏红棕色。

生活习性： 栖息于山地森林、苔原带、低山丘陵、草原、旷野等各种生境中，喜欢开阔的原野。主要食物是小型哺乳动物，也包括雀形目鸟类、蛙、蜥蜴和昆虫等。

趣　　闻： 红隼的领地意识十分强烈，当小红隼长大第一次能独立捕食后，就会被父母赶出领地，去独立求生存，至此，一别两忘，不相往来。无论对方是陌生来客，还是曾经的骨肉，红隼给予来犯者的"欢迎"方式就是毫不犹豫、毫不留情、六亲不认地驱逐、决斗，直至其离开领地，这是它们的生存之道。

雕鸮

鸮形目　Strigiformes　　鸱鸮科　Strigidae

拉丁学名：*Bubo bubo*　　英文名：Eurasian Eagle-owl

藏文名：ཨུག་པ་ཕྲུག་གཟུགས་ཆེན། ཨུག་ཕྲུག

保护现状：IUCN-LC（无危）

国家二级保护动物

地理分布： 在世界范围内分布于欧亚非地区；在我国分布于除台湾和海南外的大部分地区，其中在西藏分布于羌塘高原以南。

形态特征： 大型猛禽。体羽大部分为黄褐色，喉部白色，头上有耳簇羽，后颈和上背棕色，有黑色羽干纹，胸棕色，下腹中央棕白色，覆腿羽和尾下覆羽微杂褐色细横斑，虹膜金黄色，喙和爪均铅色，端部黑色。

生活习性： 常单独行动，栖息于山地森林、平原、荒野、林缘灌丛、疏林，以及裸露的高山和峭壁等环境中。主要食物是农田鼠、野兔及雉类，有时也吃蛙、蛇和蜥蜴等。

趣　　闻： 雕鸮在捕猎时尽显凶狠，然而对待自己的伴侣非常专情，可谓"铁汉柔情，终生专一"。不出意外，雄鸟与雌鸟终年厮守，形影相随，"夫妻"关系维系一生。当雌雄鸟交配产卵后，雌雕鸮就"宅"在家里专职孵蛋，雄雕鸮负责捕食，每天定时给"妻子"送回食物。

纵纹腹小鸮

鸮形目　Strigiformes　　鸱鸮科　Strigidae

拉丁学名：*Athene noctua*　　英文名：Little Owl

藏文名：ཨུག་ཆུང་ཕྱུར་རིས། ཨུག་ཆུང་ཁྲ་འབོག་གདུང་རིས་ཅན།

保护现状：IUCN-LC（无危）

　　　　　国家二级保护动物

地理分布： 在世界范围内分布于欧洲、非洲、东亚地区；在我国主要分布于东北、内蒙古、新疆、青海、西藏等地，其中在西藏分布于西藏南部、东部及西部。

形态特征： 小型猛禽。头顶平，虹膜亮黄色，上体褐色，具白色纵纹及点斑。下体白色，具褐色杂斑及纵纹。肩上有两道白色或皮黄色的横斑，嘴角质黄色，脚白色。

生活习性： 常单独活动，常栖息在荒坡或农田地边的大树顶上及电线杆上。主要食物是鼠类与鞘翅目昆虫，有时也捕食小鸟、蜥蜴、蛙和其他小型动物。

趣　　闻： 纵纹腹小鸮是典型的"一夫一妻制"。在求偶期间，雄鸟会通过扩大领地来吸引雌鸟，并进行一系列的求偶活动，如果雌鸟满意，那么就会定下姻缘；雌雄鸟通常在黄昏和拂晓时相互追逐，嬉戏打闹。

鸣禽

　　鸣禽，又称歌鸟，是指能够发出复杂且悦耳叫声的鸟类，如画眉、黄鹂等，但也有叫声刺耳的种类，如乌鸦。大多数鸣禽具有复杂的鸣肌附于鸣管的两侧，使得其能够发出多变的鸣叫声，通常幼鸟根据观察和模仿成鸟来学习唱歌。鸣叫声一般由雄鸟发出，起到识别身份、告知行踪、发出警告和求偶信号等作用。

　　主要生活在草原、茂密的森林、山地、平原、灌丛、河谷、农耕区、村落等多种多样的生态环境中，以昆虫、果实、种子等为食。其毛色华丽，具有极高的观赏价值。

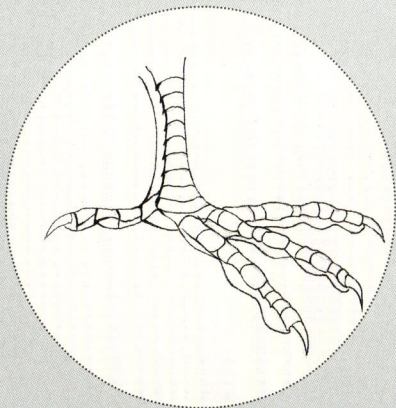

戴胜

犀鸟目 Bucerotiformes　　戴胜科 Upupidae

拉丁学名：*Upupa epops*　　英文名：Eurasian Hoopoe

藏文名：ཕུག་རྟ།

保护现状：IUCN-LC（无危）

国家"三有"保护动物

地理分布： 在世界范围内分布于欧洲、亚洲、非洲等多个地区；在我国分布于全国各地，在云南、广西等地为留鸟，在其余分布区为候鸟，其中在西藏主要分布于西藏南部，在拉萨河沿岸常见，最高海拔见于纳木错湖畔。

形态特征： 中型鸣禽。喙细长而下弯呈黑色，适合在地面或土壤中觅食。其头、颈、胸呈淡棕栗色，具有由狭形羽组成的羽冠，后部的冠羽最长，羽冠在后面的黑端前具白斑，脚铅黑色，跗跖短而不弱，其翅膀和尾部的羽毛呈黑白相间之色。

生活习性： 常单独或成对行动，主要栖息于山地、平原、森林、河谷、农耕区、草地、村落和果园等开阔地方，尤其在林缘耕地生境较为常见。飞行时呈现特有的波浪状，如同巨型蝴蝶。主要以昆虫为食，偶尔吃小蜥蜴、青蛙，在食物稀缺的情况下，也吃种子和浆果。

趣　　闻： 戴胜被以色列誉为国鸟。戴胜虽外形美丽，但其身奇臭无比，尤其在繁殖期，雌鸟从尾部的腺体分泌出一种气味恶臭的黑褐色油状液体，靠这种气味驱赶捕食者、避免寄生虫入侵，来保护自身和幼鸟的安全，故得别称"屎咕咕""臭姑鸪"。

红嘴山鸦

雀形目　Passeriformes　　鸦科 Corvidae

拉丁学名：*Pyrrhocorax pyrrhocorax*　　英文名：Red-billed Chough

藏文名：ཁྱུང་ཀ། ཁྱུང་ཀ་མཆུ་དམར།

保护现状：IUCN-LC（无危）

　　　　　国家"三有"保护动物

地理分布：在世界范围内分布于欧洲、北非、西亚、中亚和东亚地区；在我国主要分布于东北、华北、华东北部、西北、西南地区，其中西藏全区均有分布。

形态特征：大型鸦类。虹膜褐色，喙长而弯曲，呈鲜红色，腿亮红色。全身具有蓝黑或绿色的金属光泽，成鸟全身均纯蓝黑色，雌雄羽色相同。幼鸟喙较短，两翅和尾闪烁着金属光泽。

生活习性：常成对或集群在地上活动和觅食，也喜欢成群在山头上空和山谷间飞翔。主要栖息于开阔的低山丘陵和山地、草甸灌丛、高山裸岩、半荒漠等开阔地带，最高海拔可到5000米。也常见于村落、城市园林。主要食物是金针虫、天牛、金龟子等昆虫及植物果实、种子等。

趣　　闻：一般在一个红嘴山鸦家庭里，长大的成鸟不会离开父母，会帮家里筑巢和育雏，除非鸟爸爸和鸟妈妈逝去后才会选择离家。

细嘴黄鹂

雀形目　Passeriformes　　黄鹂科　Oriolidae

拉丁学名：*Oriolus tenuirostris*　　英文名：Slender-billed Oriole

藏文名：འཇོལ་མོ་སེར་ཡག

保护现状：IUCN-LC（无危）

　　　　　国家"三有"保护动物

地理分布： 在世界范围内分布于中国、泰国、缅甸、印度、不丹等地区；在我国主要分布于西南地区，特别是云南等地，其中在西藏主要分布于西藏东南部。

形态特征： 中型鹂鸟。虹膜为红色，喙呈橙红色，脚灰色。雄鸟羽毛主要呈金黄色，背部为橄榄色，黑色的过眼纹延至颈背；雌鸟与雄鸟外观相似，但雌鸟上体呈更多的绿色，下体有深色纵纹；幼鸟上体黄绿色，下体黑纵纹较重，过眼纹不太清晰。

生活习性： 繁殖期栖息于海拔 2500~4300 米处的松林、阔叶林、混交林等山地森林地带，非繁殖期下至海拔 600 米的开阔常绿阔叶林和次生林地带活动。主要食物是昆虫、浆果等。

趣　　闻： 黄鹂的鸣叫声极为优美，被誉为"林中的歌手"。在我国，黄鹂被视为春天的信使，象征着生机勃勃和欢乐。

普通朱雀

雀形目　Passeriformes　　燕雀科　Fringillidae

拉丁学名：*Carpodacus erythrinus*　　英文名：Common Rosefinch

藏文名：བུར་ཆེ་ཤ།　ཁྱི་བཏང་མཆིལ་པ།　ཀྲུ་ཤི།

保护现状：IUCN-LC（无危）

国家"三有"保护动物

地理分布： 在世界范围内分布于欧洲和亚洲的温热带地区；在我国主要分布于东北、华北、华南、西南和西北地区，在黑龙江、内蒙古东北部、新疆北部和西部、西藏、云南、贵州、四川、甘肃、青海、宁夏等地为留鸟，在其他地区为冬候鸟或旅鸟，其中在西藏主要分布于藏南地区。

形态特征： 喙粗短、较厚，呈锥形、褐色，虹膜深褐色，脚近黑色。雄鸟头部、喉部、胸部及臀部为红色，腹部呈白色，两翅及尾部黑褐色，羽缘染红色。雌鸟头部略显灰色，喉及胸部具深褐色纵纹，腹部呈灰白色，两翅及尾黑褐色。

生活习性： 常单独或成对活动，非繁殖期常成小群活动和觅食。主要栖息于海拔 1000~4000 米的针阔叶混交林、山地、森林和灌丛地带，在西藏、西南和西北地区栖息海拔较高。主要在夜间迁徙，春季可见日间迁徙。主要食物是果实、种子等植物，繁殖期间也吃部分昆虫。

趣　　闻： 在众多古籍中，朱雀被描述为祥瑞之鸟，象征光明、繁荣与胜利，有玄鸟、凤凰之族之称。在星象、灵兽说法中，朱雀与青龙、白虎、玄武并称四象或四灵；在星象二十八宿中，朱雀是南方七宿的总称。

参考文献

[1] 卢欣.中国青藏高原鸟类 [M].长沙：湖南科学技术出版社，2018.

[2] 姚秦川.能飞越珠穆朗玛峰的斑头雁 [J].小读者之友，2021(9):52-53.

[3] 国家林业和草原局.有重要生态、科学、社会价值的陆生野生动物名录 [EB/OL].(2023-06-30) [2024-12-25].https://www.forestry.gov.cn/u/cms/www/202307/281428149vj1.pdf.

[4] 中国环境与发展国际合作委员会生物多样性工作组.中国鸟类野外手册 [M].马敬能，菲利普斯，编绘.卢和芬，译.长沙：湖南教育出版社，2000.

[5] 张国钢，刘冬平，候韵秋，等.青海湖繁殖渔鸥迁徙路线和停歇地的卫星跟踪 [C]// 中国动物学会鸟类学分会.第十二届全国鸟类学术研讨会暨第十届海峡两岸鸟类学术研讨会论文摘要集.北京：中国林业科学研究院森林生态环境与保护研究所全国鸟类环志中心国家林业局森林保护学重点实验室，2013:78.

[6] 张国钢，刘冬平，江红星，等.青海湖棕头鸥（Larus brunnicephalus）夏秋季活动区研究 [J].生态学报，2008(6):2629-2634.

[7] 中国生态学学会科普工作委员会.水泽飞羽：湿地鸟类 [M].洪兆春，主编.北京：中国林业出版社，2022.

[8] 王湘国，吕植.三江源国家公园自然图鉴 [M].三江源国家公园管理局，山水自然保护中心，编著.南京：译林出版社，2021.

[9] 曲利明.中国鸟类图鉴：便携版 [M].福州：海峡书局，2014.

[10] 易洲.鸟：全世界 130 种鸟的彩色图鉴 [M].北京：中国华侨出版社，2012.

[11]IUCN. The IUCN red list of threatened species[EB/OL].[2024-12-25].https://www.iucnredlist.org.